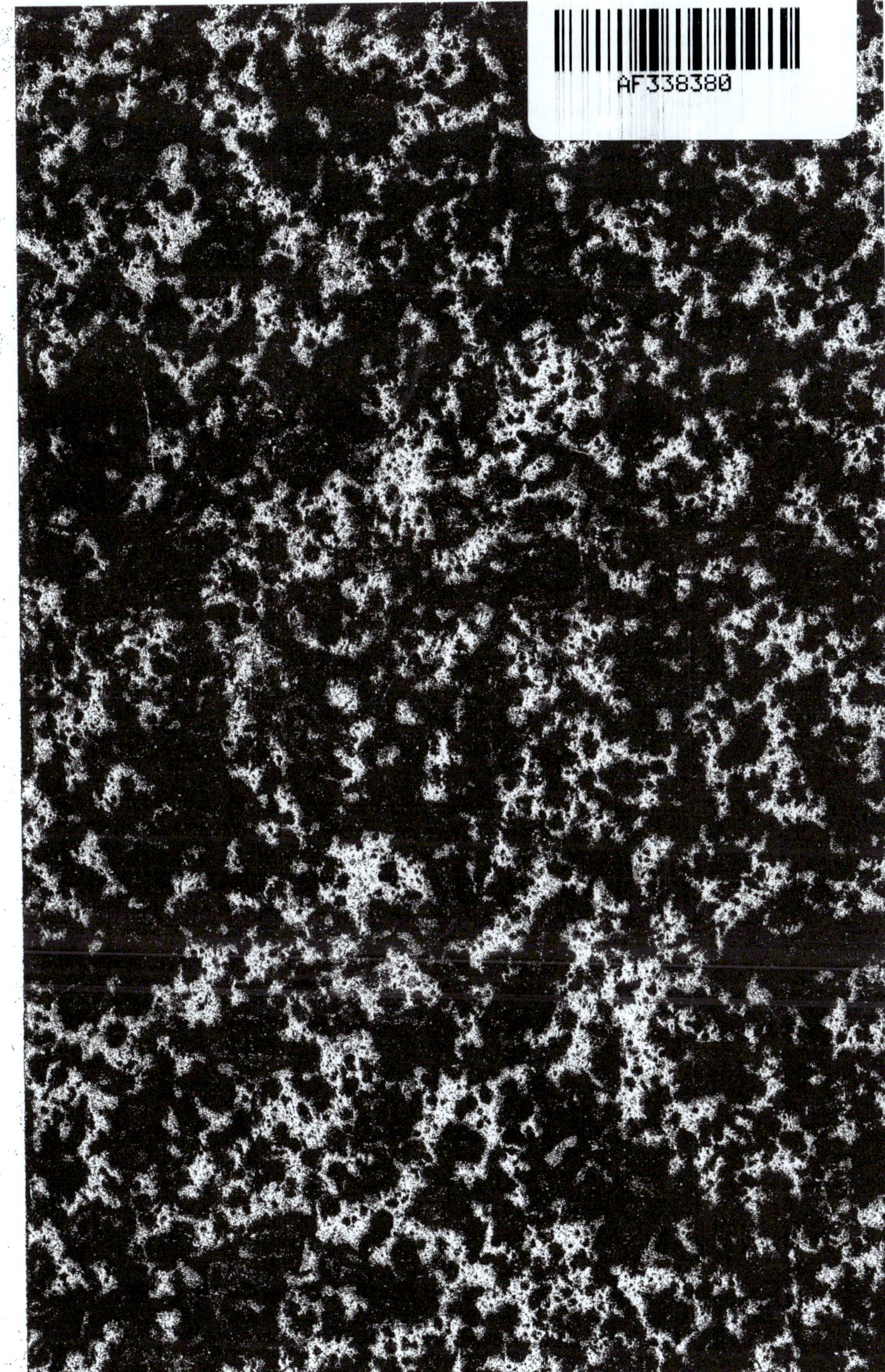

SYNTHÈSE
DU RUBIS

PAR

E. FREMY

MEMBRE DE L'INSTITUT
ANCIEN DIRECTEUR DU MUSEUM D'HISTOIRE NATURELLE

1877 — 1890

PARIS

Vte CH. DUNOD, ÉDITEUR

LIBRAIRE DES CORPS NATIONAUX DES PONTS ET CHAUSSÉES, DES CHEMINS DE FER,
DES MINES ET DES TÉLÉGRAPHES
49, Quai des Augustins, 49

1891

SYNTHÈSE

DU RUBIS

PAR

E. FREMY

MEMBRE DE L'INSTITUT

DIRECTEUR DU MUSEUM D'HISTOIRE NATURELLE

1877 — 1890

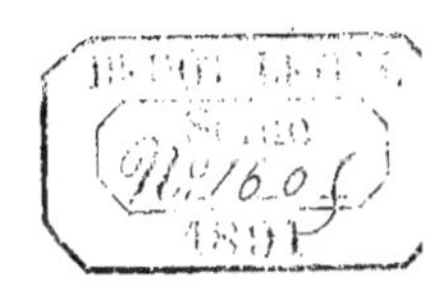

PARIS

Vᵛᴱ CH. DUNOD, ÉDITEUR

LIBRAIRE DES CORPS NATIONAUX DES PONTS ET CHAUSSÉES, DES CHEMINS DE FER

DES MINES ET DES TÉLÉGRAPHES

49, Quai des Augustins, 49

—

1891

SYNTHÈSE DU RUBIS

La reproduction des minéraux par la synthèse est une des belles questions que la chimie ait à résoudre ; elle fait connaître les réactions mystérieuses qui se produisent dans la terre et jette le plus grand jour sur la formation des substances minérales.

La synthèse minéralogique peut aussi résoudre des problèmes que l'analyse chimique laisse souvent indécis.

En effet, le minéral qui paraît le plus pur contient presque toujours, à l'état d'interposition, des corps étrangers : l'analyse est alors impuissante pour déterminer la composition réelle du minéral, tandis qu'une reproduction synthétique permet de distinguer les éléments constitutifs de ceux qui ne sont qu'accidentels.

La synthèse devient donc un document nécessaire pour l'étude des minéraux : chaque galerie de minéralogie devrait placer, à côté des minéraux naturels, ceux que la synthèse peut reproduire.

La comparaison de ces deux sortes de minéraux offrirait un grand intérêt et pourrait ouvrir à la science des voies nouvelles.

Tous les savants connaissent les beaux travaux synthétiques sur les différents modes de production des minéraux, qui ont été publiés en France et à l'étranger.

La collection des minéraux artificiels est déjà nombreuse; j'ai essayé moi-même, dans des mémoires précédents, d'en augmenter la richesse par la production de quelques corps nouveaux.

L'intérêt que présentent les synthèses minéralogiques augmenterait d'une manière notable, s'il était possible de produire, dans le laboratoire, des minéraux présentant tous les caractères qu'ils possèdent dans la nature.

C'est ce problème important que j'ai voulu aborder en essayant de former, par la synthèse, une des plus belles espèces minérales connues, qui est le rubis.

On sait que, jusqu'à présent, on n'était pas encore arrivé à la reproduction de cette pierre précieuse.

Ce n'est pas le rubis lamelleux et microscopique que j'ai voulu engendrer par la synthèse, mais bien une pierre fine d'un volume notable, ayant la composition chimique, la belle couleur, l'éclat adamantin, la dureté, la densité, la forme cristalline, en un mot toutes les qualités du rubis naturel et pouvant, comme lui, être employé dans la bijouterie ou dans l'horlogerie.

Pour obtenir des rubis qui se confondent avec ceux de la nature, j'avais à résoudre plusieurs questions capitales.

Je devais d'abord chercher comment des réactions qui ne produisent que des rubis *lamelleux et friables* doivent être modifiées pour engendrer des *rubis durs, épais et rhomboédriques*.

J'avais ensuite à étudier le *grossissement des rubis*. La méthode si ingénieuse de *Nicolas Leblanc*, qui consiste à *nourrir par voie humide* de petits cristaux dans une *eau mère*, peut-elle s'appliquer

à la *voie sèche ?* Les vapeurs et les gaz peuvent-ils, à une température voisine de 1500 degrés, qui est celle de la formation du
rubis, opérer le grossissement de petits cristaux comme une eau
mère agissant par voie humide? Ces questions, qui formaient le
point principal de mes recherches, ont été, je crois, complètement
résolues.

En entreprenant un pareil travail, dont le but était la reproduction
des pierres précieuses sur une grande échelle, j'ai compris que les
ressources de mon laboratoire devenaient insuffisantes : les expériences devaient être continuées sans interruption pendant plusieurs
jours et dans les vastes creusets d'usine.

Dans ces conditions, il m'était impossible de surveiller moi-même
toutes les opérations : l'intervention de collaborateurs devenait donc
indispensable.

Pour exécuter les expériences industrielles, je me suis adressé d'abord à un de nos ingénieurs verriers les plus distingués, M. Feil; c'est avec sa précieuse collaboration que j'ai publié en 1877 mon premier mémoire sur la production du rubis.

En citant ici le nom de mon regretté collaborateur, je dois rappeler que M. Feil avait réellement le génie de l'expérimentateur: il était non seulement un industriel éminent qui a donné à l'optique des verres incomparables, mais aussi un opérateur habile et ingénieux : on lui doit des travaux très intéressants sur la synthèse minérale, qui sont appréciés par tous les minéralogistes.

Dans une autre partie de mes recherches, j'ai eu recours à la collaboration de M. Verneuil.

Ce jeune savant, lauréat de l'Académie, plein d'ardeur et de talent, s'est formé dans mon laboratoire du Museum et a déjà publié plusieurs mémoires très intéressants.

Pendant mes longues recherches, mon jeune collaborateur, négligeant ses propres travaux, a fait preuve d'une grande persévérance et d'un esprit d'observation bien remarquable.

Un maître est bien heureux quand il trouve un collaborateur tel que M. Verneuil.

Les préparateurs de mon laboratoire ont joué aussi un grand rôle dans nos expériences sur les rubis : la préparation et la purification des produits étaient longues et difficiles ; elles exigeaient à la fois la patience et toute l'habileté du chimiste ; je dois donc exprimer ici ma reconnaissance à MM. Becquet, Sauvageot et Paquier, attachés à mon laboratoire, qui m'ont toujours donné le concours le plus intelligent et le plus dévoué.

Lorsque les calcinations ont exigé un temps très long, j'ai remplacé le laboratoire par l'usine, en choisissant des directeurs qui unissaient à l'expérience industrielle les qualités du savant.

Je me suis adressé d'abord à la Compagnie de Saint-Gobain, qui a mis généreusement à ma disposition ses creusets réfractaires et ses fours à gaz.

J'ai eu l'avantage de rencontrer, dans la grande manufacture des glaces de Saint-Gobain, un chimiste très distingué, M. Henrivaux, directeur de l'usine, qui a conduit nos essais avec une grande habileté et un entier dévouement.

J'ai trouvé aussi chez M. Mantois, célèbre fabricant de verres d'optique, une coopération précieuse pour moi : je suis heureux d'exprimer à cet habile industriel mes sentiments de vive gratitude.

Quand j'ai étudié avec M. Verneuil le grossissement des cristaux de rubis en employant des creusets volumineux et en prolongeant la calcination du mélange pendant plusieurs jours, j'ai eu recours à la complaisance et à l'habileté de MM. Appert, qui ont bien voulu calciner nos mélanges dans leurs fours.

Leurs foyers nous permettaient de produire la température la plus élevée et de surveiller nos opérations sans difficulté.

J'ai donc constaté chez nos grands manufacturiers la bienveillance la plus complète et cette alliance si utile de la science et de l'industrie.

Pendant longtemps nos expériences ont été faites dans le fourneau à vent de mon laboratoire du Museum : nous opérions alors dans de petits creusets d'une capacité de 150 centimètres cubes.

Nous avons employé ensuite de grands creusets d'une capacité de 800 centimètres cubes.

Les fours de mon laboratoire du Museum ne me permettaient pas d'employer des creusets dépassant le n° 15 et présentaient en outre tous les inconvénients du fourneau à vent : leur température n'est pas régulière ; les charges de combustible assez fréquentes refroidissent l'appareil et les cendres attaquent les creusets.

Tous ces inconvénients disparaissent dans le four à gaz de MM. Appert.

Dans leur belle usine MM. Appert ont opéré d'abord avec des creusets de 2 litres de capacité qui ont produit, par opération, plus de 300 grammes de rubis pesant chacun en moyenne 50 milligrammes. Des creusets plus grands ont donné ensuite 1200 grammes de rubis d'une forme très régulière et plus gros que les précédents. Nos expériences se font en ce moment dans des creusets de 12 litres de capacité.

Si les résultats obtenus sont satisfaisants, MM. Appert me proposent d'opérer dans un creuset de 50 litres.

C'est en agissant dans de grands creusets qu'il nous a été possible d'obtenir, non seulement des rubis d'un volume notable, mais aussi des cristaux isolés, détachés des parois du creuset, d'une pureté absolue, d'une grande dureté et surtout présentant, pour la taille, un *fil* qui convient aux lapidaires.

CRISTAUX DE RUBIS LAMELLEUX

C'est en 1877 et avec la collaboration de M. Feil que j'ai publié mon premier travail sur la synthèse du rubis.

Nos expériences ont eu d'abord pour but de passer en revue les principales méthodes qui peuvent être employées pour obtenir l'alumine à l'état cristallisé.

Ces procédés sont nombreux, mais ne produisent en général que des lames friables et d'une faible épaisseur.

Nous avons cherché alors une réaction qui pût donner l'alumine cristallisée en masses dures, résistantes et volumineuses.

Ce résultat a été obtenu, après de nombreux essais, en calcinant pendant plusieurs heures, dans un creuset de terre, un mélange d'alumine, de minium et de bichromate de potasse.

Cette production de cristaux peut être facilement expliquée.

L'oxyde de plomb, agissant au rouge sur l'alumine, forme d'abord de l'aluminate de plomb qui est ensuite décomposé par la silice du creuset : il se produit, dans ce cas, du silicate de plomb très fusible et de l'alumine peu fusible qui se précipite en cristallisant. Cette réaction est rendue évidente par la corrosion du creuset siliceux et par la formation du silicate de plomb dans lequel les cristaux de rubis restent enchâssés.

Pour obtenir le rubis par cette méthode, nous calcinons pendant quelques heures un mélange, à parties égales, d'alumine et de minium mélangé de 3 pour 100 de bichromate de potasse.

Lorsque le mélange a été chauffé régulièrement, nous trouvons dans le creuset, après son refroidissement, deux couches superposées : la couche inférieure est vitreuse et formée principalement de silicate de plomb ; la couche supérieure est cristallisée et remplie de rubis enchâssés dans le silicate de plomb.

Telle a été notre première observation sur la formation des rubis ; nous produisions ainsi des cristaux lamelleux, mais nous étions loin encore d'obtenir les rubis sous la forme que nous pouvions désirer.

C'est alors que nous avons entrepris une série d'essais dans le but d'obtenir des rubis volumineux.

Nous devions rencontrer dans cette recherche des difficultés de toute sorte.

Il s'agissait d'abord de déterminer les différentes influences qui, dans la réaction, font varier le mode de cristallisation de l'alumine.

Nous avions à tenir compte de la nature du fondant, des proportions du mélange, de la résistance du creuset, de la température du feu, de la durée de la calcination, de la lenteur du refroidissement, etc., etc.

Toutes ces conditions ont été étudiées par nous avec soin.

Avant d'arriver à des expériences faites en grand, nous avons opéré d'abord dans de petits creusets de laboratoire, en employant des fours ordinaires chauffés au coke ou au charbon de cornue. Nos essais ont donné souvent des masses cristallines très belles ; mais nos cristaux restaient toujours minces, friables et lamelleux.

Le temps de la calcination, la nature du mélange ou la lenteur du refroidissement n'ont apporté aucune modification dans la forme des cristaux ; en outre, les rubis lamelleux que nous obtenions ne pouvaient pas être purifiés et restaient enchâssés dans la masse vitreuse. Croyant que l'intermittence des charges de combustible et l'irrégularité de la chaleur pouvaient nuire à la formation des cristaux, nous avons remplacé, dans la calcination, le four à coke par le four à gaz ; cette modification importante n'a pas produit cependant le résultat que nous attendions ; nos cristaux de rubis étaient encore lamelleux.

Nous avons pensé alors qu'en agissant sur une grande échelle, nous pourrions, par un refroidissement très lent, donner une autre forme à nos rubis.

Pour réaliser cette expérience, nous ne pouvions plus opérer dans nos laboratoires, et nous avons fait appel à l'industrie. Nous nous sommes adressés à la compagnie de Saint-Gobain, qui a mis généreusement à notre disposition ses creusets réfractaires et ses fours à gaz.

On peut dire que ces expériences ont été faites réellement en grand, car il nous est arrivé souvent d'obtenir, dans le même creuset, plusieurs kilogramme de rubis.

Ces essais, dirigés par M. Henrivaux, ont présenté, au point de vue scientifique, un intérêt véritable.

Nous produisions, en effet, des masses cristallines énormes contenant des lames roses et brillantes : on pouvait les comparer à des formations naturelles de roches cristallisées ; quelquefois on trouvait dans leur intérieur des géodes profondes, tapissées de larges rubis brillants et adamantins.

Ces cristaux présentaient certains caractères des rubis naturels ; ils avaient la dureté, la densité et la forme cristalline des rubis : ils rayaient le quartz et la topaze ; ils étaient souvent plus durs que les rubis naturels ; ils usaient rapidement les meilleurs instruments d'acier trempé.

M. Jeannetaz, qui a bien voulu soumettre ces rubis lamelleux à des observations cristallographiques, a reconnu qu'au microscope d'Amici, ils avaient la forme des prismes hexagonaux et qu'ils offraient dans leur intérieur une croix noire et des anneaux colorés sur les bords.

Tel est le résumé de notre premier travail sur la synthèse du rubis, qui nous a occupé pendant plusieurs années.

Nous espérions toujours obtenir des cristaux de rubis épais et rhomboédriques en faisant agir, dans des conditions différentes, la silice sur l'aluminate de plomb ; mais nous ne produisions que des rubis lamelleux.

Nos essais étant restés infructueux, nous avons dû les abandonner momentanément pour les reprendre plus tard, par une méthode bien différente de celle que nous avions suivie jusqu'alors.

L'action mutuelle des gaz et des vapeurs, devait nous donner des résultats que les substances vitreuses n'ont pas présentés.

Je ne dois pas oublier de rappeler ici que les recherches sur les rubis lamelleux que j'ai publiées avec la collaboration de M. Feil et qui nous ont occupé pendant plusieurs années, m'ont été d'un grand secours dans le travail que j'ai entrepris ensuite sur les rubis rhomboédriques.

PRODUCTION DU RUBIS ÉPAIS ET RHOMBOÉDRIQUE

Après la mort de mon regretté collaborateur M. Feil, je me suis décidé à reprendre la question relative à la synthèse du rubis, en suivant une marche nouvelle.

J'avais essayé précédemment de produire le rubis en décomposant par la silice l'aluminate de plomb fondu.

C'est par un tout autre procédé que j'ai obtenu le rubis épais et rhomboédrique, en remplaçant les bains vitreux par les courants de gaz et de vapeurs.

Gay-Lussac a démontré, dans une expérience célèbre, qu'on peut obtenir des minéraux cristallisés d'un grand volume et comparables à ceux de la nature, en soumettant à la calcination, dans un courant d'acide chlorhydrique, des oxydes métalliques tels que les oxydes de fer, de chrome, de cobalt, etc. C'est ainsi que le grand chimiste a formé synthétiquement le fer oligiste des minéralogistes, comparable à celui qui se produit dans les volcans.

J'ai pensé qu'en engendrant, au rouge vif, l'alumine cristallisée dans un courant acide tel que l'acide fluorhydrique, je pourrais produire des cristaux durs, épais et rhomboédriques, bien différents, par conséquent, des lames que j'avais obtenues avec un flux vitreux, en calcinant, dans un creuset d'argile, un mélange d'alumine chromée et de minium.

Pour former, dans un creuset chauffé vers 1500 degrés un courant d'acide fluorhydrique, ce qui est la condition essentielle et difficile de l'expérience, j'avais à utiliser une réaction que j'ai décrite dans mon Mémoire sur les fluorures.

Lorsque, dans ce mémoire déjà ancien, j'ai isolé le fluor en décomposant, au rouge, les fluorures par l'électricité, j'ai démontré que ces composés, chauffés à l'air, dégageaient des quantités considérables d'acide fluorhydrique.

Je trouvais donc, dans la calcination à l'air d'un mélange d'alumine et de fluorures, le moyen d'engendrer, dans un creuset chauffé à 1500 degrés, de l'acide fluorhydrique et de l'alumine cristallisée; j'avais l'espoir d'arriver ainsi à la production du rubis épais et rhomboédrique.

Cette action des fluorures avait été à peine ébauchée dans le premier Mémoire sur le rubis que j'ai publié avec M. Feil.

Dans ces nouvelles recherches sur le rubis, un collaborateur m'était indispensable pour étudier tous les phénomènes nombreux et complexes que ce travail devait présenter.

J'ai eu recours alors à la collaboration de M. *Verneuil*, dont j'avais constaté précédemment le mérite.

Avant de donner le détail de nos expériences, il me paraît nécessaire de dire dans quelles conditions se produisent les rubis rhomboédriques épais.

Tous nos essais ont été faits dans des creusets d'argile réfractaire de dimensions variables; quelquefois le creuset d'argile a été remplacé par le creuset de platine; le charbon n'a pas pu être employé parce qu'il décolore les rubis; les creusets de fer ont donné souvent de bons résultats, lorsqu'on a pu éviter la fusion du métal; les creusets d'argile étaient brasqués, dans des cas particuliers, avec l'alumine, la chaux, la magnésie, etc.

Les fours de calcination ont été alimentés par le coke, la houille, le charbon de cornue, et par l'air comprimé associé au gaz; ce dernier mode de chauffage nous paraît plus avantageux que les autres : il donne une grande chaleur régulière sans produire de scories qui altèrent le creuset.

La disposition du mélange dans le creuset était soumise à de nombreux essais qui variaient avec chaque opération.

Les matières employées ont été toujours purifiées avec le plus grand soin.

Nous avons opéré souvent avec de l'alumine pure, plus souvent avec de l'alumine potassée.

Les fluorures essayés sont principalement les fluorures de baryum, de calcium et d'aluminium.

La proportion de bichromate de potasse qui servait à colorer le rubis a dépassé rarement 3 à 4 pour 100 d'alumine.

Nos calcinations ont duré souvent pendant huit jours.

Lorsque l'expérience a été bien conduite, on voit dans le creuset une masse entièrement cristallisée. Les parois du creuset sont tapissées intérieurement par une couche assez épaisse de rubis cristallisés d'un beau rose vif.

On trouve dans cette partie du creuset des rubis réguliers ; mais ce n'est pas là que se forment les plus beaux cristaux ; ils sont dans l'intérieur du creuset, tantôt à l'état isolé, tantôt reposant sur une gangue friable presque blanche.

C'est donc en quelque sorte dans un creuset tapissé de rubis que la cristallisation des rubis isolés s'est produite.

Les rubis sortent eux-mêmes de la gangue blanche et poreuse qui les a produits ; ils ont une belle couleur rose et sont en général d'une pureté absolue.

Les savants qui ont bien voulu suivre nos expériences m'ont dit souvent, en admirant nos cristaux, que les rubis produits dans notre laboratoire rappelaient absolument la formation naturelle des minéraux cristallisés.

Rien n'est plus facile que de séparer, après l'opération les cristaux de leur gangue.

Dans un grand nombre d'expériences nous avons pu extraire les rubis au moyen de la pince et les obtenir ainsi purs et détachés du creuset. Mais, ordinairement, pour les isoler, nous opérons de la façon suivante :

Le produit de la calcination est jeté dans un vase rempli d'eau et soumis ensuite à l'agitation ; la gangue blanche dans laquelle se forment les rubis, qui est légère, reste en suspension dans l'eau, tandis que les rubis, en raison de leur poids, tombent immédiatement au fond du vase.

Nos rubis sont classés, suivant leur grosseur, au moyen de toiles métalliques dont les mailles sont de dimensions variables.

Nous obtenons ainsi la séparation des rubis différemment cristallisés, par un simple lavage, qui n'est pas sans analogie avec celui que l'on adopte souvent dans l'exploitation du diamant.

Les rubis se présentent alors avec les caractères suivants : ils sont toujours épais et rhomboédriques ; ils ont la composition, la densité et toutes les autres propriétés du rubis naturel ; leur forme cristalline est régulière ; leur éclat est adamantin ; leur transparence est parfaite ; ils offrent la belle couleur et la dureté du rubis naturel ; ils rayent facilement le quartz et la topaze ; semblables aux rubis naturels, ils deviennent verts sous l'influence d'une forte chaleur, et reprennent leur couleur rose par le refroidissement.

Le problème de la synthèse du rubis rhomboédrique épais se trouvait donc ainsi absolument résolu.

Pour donner à nos recherches un contrôle précieux, M. des Cloizeaux a soumis nos rubis à un examen microscopique complet ; l'éminent minéralogiste a confirmé nos résultats en démontrant que nos rubis étaient, au point de vue cristallographique, d'une identité complète avec les rubis naturels.

Je reproduis ici textuellement les observations de M. des Cloizeaux :

« Notre confrère M. Fremy a bien voulu mettre à ma disposition un certain nombre des remarquables cristaux de rubis, dont l'Académie a eu sous les yeux les principaux échantillons.

« Ces cristaux, si intéressants comme produits d'une savante synthèse, le sont également sous le rapport cristallographique. Chaque opération paraît en effet donner lieu à des combinaisons de formes prédominantes qui diffèrent d'une préparation à l'autre. Ainsi,

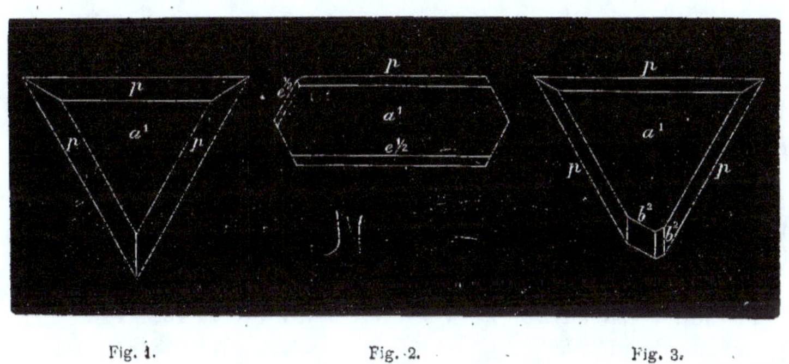

Fig. 1.   Fig. 2.   Fig. 3.

dans une opération regardée comme très bien réussie, on trouve surtout des cristaux simples, à faces remarquablement unies et miroitantes, où dominent le rhomboèdre primitif p et une base *triangulaire a^1* (fig. 1) ; quelques-uns portent sur un ou sur deux de leurs angles solides, et rarement sur les trois, de très petites faces appartenant à l'isoscéloèdre b^2 (fig. 2), connu dans l'oligiste, mais *nouveau* pour le corindon ; d'autres se présentent en lames hexagonales allongées (fig. 3), composées des formes a^1, p, $e^{\frac{1}{2}}$ (1).

« Une autre opération a fourni des cristaux plus gros que les précédents, sur lesquels la base a^1, très développée, a toujours la forme d'un hexagone à côtés plus ou moins inégaux (fig. 4).

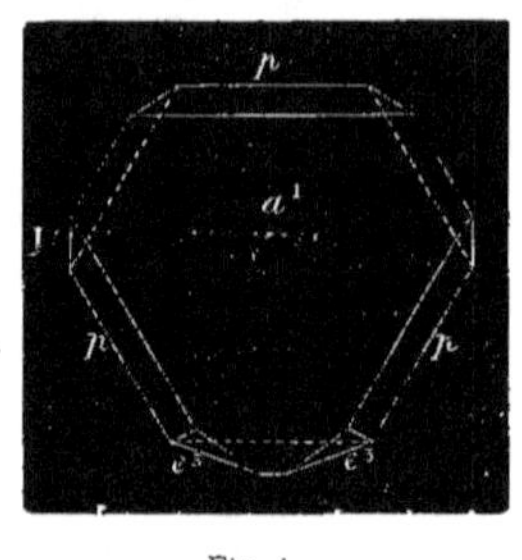

Fig. 4.

« Outre les formes dominantes a^1 et p, on rencontre sur ces cristaux le prisme d^1, généralement très étroit, le rhomboèdre inverse e^1 et l'isoscéloèdre e_3, très commun sur les cristaux naturels.

« Les angles que j'ai mesurés sur les cristaux les plus nets, comparés à ceux qui ont été adoptés par Miller pour le corindon naturel, sont les suivants :

	Angles mesurés.	Angles calculés.
$a^1 p =$	122° 26′ 30″	* 122° 26′
$a^1 e^{\frac{1}{2}}$ adj. =	122° 20′ 22″	122 26
$a^1 e^1$ sur $p =$	72° 33′	72 22
$a^1 p$ sur $e^1 =$	57° 30′	57 34
$p e^1$ adj. =	129° 49′ ; 130° 5′	129 56
$p d^1 =$	136° 50′	136 58
$p p$ sur $d^1 =$	94° 0′	93 56
$a^1 b^2 =$	137° 46′	137 44 30″
$p b^2$ adj. =	153° environ	152 41
$p b^2$ sur $b^2 =$	113° 26′	113 23
$b^2 b^2$ adj. =	140° 5′ environ	140 42
$p p$ sur $b^2 =$	86° 0′	86 4
$p e_3 =$	154° 6′	154 1
$e_3 e_3$ adj. =	127° 45′ environ	128 2

« Les différences qui existent entre les angles mesurés et les angles calculés proviennent surtout de ce que, malgré la perfection

---

(1) Ces figures ont été copiées exactement, sans être complétées, sur les cristaux soumis à l'observation.

apparente des cristaux, quelques-unes de leurs faces, telles que la base et surtout celles qui sont très étroites ou très peu développées, ne fournissent pas des réflexions absolument nettes.

« Au microscope, quelques cristaux montrent des bulles généralement sphériques, mais quelquefois ovoïdes. En lumière polarisée convergente, les anneaux colorés et la croix noire *négative* sont d'une régularité remarquable. En lumière parallèle, on aperçoit quelquefois, à travers la base, des séries de bandelettes étroites formant des hexagones concentriques, dont la couleur est un peu plus foncée que celle de la masse. »

Après avoir fait connaître les conditions qui produisent les rubis rhomboédriques épais, nous avons à décrire les phénomènes chimiques qui s'opèrent dans cette remarquable réaction.

Rôle des éléments
qui interviennent dans la formation des rubis

Nous avons dit que les rubis épais et rhomboédriques se forment lorsqu'on calcine pendant longtemps, à une température voisine de 1500 degrés, un mélange d'alumine, de bichromate de potasse et de fluorure alcalino-terreux.

Il se produit, dans la réaction de ces différents corps, des phénomènes souvent très complexes.

Nos premières expériences ont eu pour but de rechercher sous quel état l'alumine devait être employée pour produire les rubis rhomboédriques épais.

Nous avons reconnu d'abord que c'est l'alumine pure qui convenait le mieux à nos essais : nous l'avons préparée en calcinant l'alun ammoniacal purifié avec le plus grand soin : si l'alumine n'était pas pure, si elle retenait, par exemple, des traces de sulfate alcalin laissé dans l'alumine par une calcination incomplète, la cristallisation du rubis manquait de netteté et devenait lamelleuse. Aussi notre alumine, avant d'être employée, a toujours été soumise à une analyse rigoureuse.

Dans des circonstances particulières que nous ferons connaître plus loin, l'alumine a été mélangée à quelques centièmes de carbonates alcalins.

Le principe colorant du rubis

C'est toujours le bichromate de potasse que nous avons employé pour colorer nos rubis : dans ce cas, l'alumine était mélangée, avant calcination, à 3 ou 4 pour 100 de bichromate.

L'alumine se charge difficilement d'une portion plus forte de chrome; elle devient alors d'une couleur violette qui n'est plus celle du rubis.

Choix du fluoruré

Les fluorures sont les agents principaux de la formation des rubis.

Nous avons soumis les différents fluorures à des essais nombreux, en étudiant l'action qu'ils exercent sur l'alumine par une calcination prolongée.

Nos expériences ont porté principalement sur les fluorures alcalins, les fluorures alcalino-terreux et terreux.

Le fluorure d'aluminium a d'abord été calciné seul dans des creusets et des cornues de terre réfractaire.

Ces expériences, qui ont été répétées plusieurs fois, nous ont démontré que, sous l'influence de l'air humide, le fluorure d'aluminium dégageait de l'acide fluorhydrique, en laissant comme résidu des cristaux microscopiques de rubis rhomboédriques. Cette expérience était intéressante ; mais en la variant de différentes façons, il nous a été impossible de l'utiliser pour produire des rubis volumineux : dans ces conditions le fluorure d'aluminium se grille trop rapidement.

Les fluorures alcalins ont été également calcinés avec l'alumine dans des proportions variées, mais sans résultat important.

Tous nos beaux rubis ont été obtenus dans la calcination à l'air d'un mélange d'alumine plus ou moins potassée, de fluorure de calcium ou de baryum et de bichromate de potasse.

Production de l'acide fluorhydrique
dans l'intérieur d'un creuset chauffé au rouge blanc
en présence de l'alumine

Le fluorure d'aluminium, se décomposant très rapidement par le grillage, ne pouvait donner que de petits cristaux ; nous avons remplacé ce fluorure par l'acide fluorhydrique engendré au rouge en présence de l'alumine.

Nous avons entrepris alors toute une série d'expériences dans lesquelles nous chauffions, en proportions différentes et au contact de l'air, des mélanges d'alumine, de fluorure de baryum et de bichromate de potasse.

Les réactions se produisaient donc, au rouge blanc, dans une atmosphère gazeuse favorable à la cristallisation : l'air humide opérait le grillage du fluorure à la température même de sa formation : les cristaux de rubis pouvaient ainsi se former lentement et grossir sous l'influence des vapeurs.

C'est alors seulement que nous avons produit des cristaux rhomboédriques et épais de rubis qui n'étaient plus microscopiques.

En étudiant toutes les circonstances qui se présentent dans cette calcination, quand on fait varier les proportions du mélange, nous avons reconnu qu'en augmentant légèrement les quantités du bichromate de potasse, non seulement on développait la coloration du rubis, mais on améliorait aussi sa cristallisation.

Les cristaux devenaient alors rhomboédriques et prenaient un volume notable.

Nous avons pensé que ce changement dans la cristallisation du rubis était dû en partie à l'alcali contenu dans le bichromate de potasse.

Pour résoudre cette question, nous avons institué une série nombreuse d'expériences dans lesquelles le fluorure de baryum grillé agissait au rouge vif sur l'alumine mélangée à des proportions variables de carbonate de potasse. Le phénomène s'est montré alors dans toute sa netteté : les mélanges contenant de l'alumine potassée ont présenté des cristallisations de rubis très remarquables.

Rôle de la potasse dans la production du rubis

Nos essais ont prouvé que si la potasse n'est pas indispensable dans la formation du rubis, la présence d'un alcali, tel que la potasse ou la soude, facilite cependant la formation des cristaux : il s'agissait alors d'expliquer le rôle de l'alcali. Dans ce but nous avons disposé une expérience qui nous paraît capitale et décisive.

Opérant dans un creuset de platine, nous avons placé au fond de ce creuset, du fluorure de baryum qui, pendant la calcination, devait se griller en dégageant de l'acide fluorhydrique. Le fluorure de baryum était recouvert d'une lame de platine sur laquelle nous avons étendu de l'alumine contenant un poids connu de carbonate de potasse : le creuset de platine a été chauffé pendant plusieurs heures à une température très élevée.

Examinant le creuset après son refroidissement, nous trouvons sur la lame de platine de beaux cristaux de rubis rhomboédriques complètement isolés ; en déterminant leur poids, nous reconnaissons qu'ils représentent sensiblement le poids de l'alumine employée.

Ainsi, dans cette expérience, l'alumine amorphe, sans toucher au fluorure, s'était transformée en cristaux rhomboédriques de rubis et avait perdu l'alcali que nous lui avions donné.

L'alcali s'était probablement volatilisé à l'état de fluorure de potassium ; l'alumine potassée se trouvait changée en rubis, sous l'influence des vapeurs acides dégagées par le fluorure de baryum.

Cette réaction nous a paru si intéressante que nous avons cru devoir la reproduire un grand nombre de fois : elle a toujours donné les mêmes résultats. Il est évident que cette expérience explique nettement la formation synthétique du rubis rhomboédrique pur sous l'influence des vapeurs acides.

Influence de l'air, de l'eau et des parois du creuset sur l'opération

Un point nous restait à éclaircir. Dans nos essais multipliés nous avions reconnu que nos résultats n'étaient jamais satisfaisants et que la cristallisation de nos rubis était toujours incomplète lorsque nos creusets se vitrifiaient extérieurement par la scorie du fourneau et qu'ils n'étaient plus poreux.

Nous avons pensé que les parois du creuset, et surtout leur porosité, jouaient un rôle important dans la réaction : tant que les creusets restent poreux et perméables à l'air, le fluorure se grille, l'acide fluorhydrique se produit et donne naissance au rubis.

Dès que le creuset a perdu sa porosité, le fluorure ne se grille plus et la réaction s'arrête.

Pour constater l'influence de l'air dans le grillage des fluorures, nous avons employé d'abord des creusets d'argile qui portaient dans leur couvercle des tuyaux de terre amenant l'air sur le mélange, pendant tout le temps de la calcination. Malheureusement, ces expériences n'ont pas été continuées, parce qu'il nous a été impossible d'éviter la fusion des tubes.

La question devait être résolue par l'emploi des creusets de platine.

Nous avons introduit un mélange d'alumine potassée, de fluorure de baryum et de bichromate de potasse dans un creuset de platine fermé hermétiquement par son couvercle qui empêchait l'accès de l'air ; pour éviter l'entrée du gaz, le creuset de platine était placé dans un creuset de terre rempli d'alumine ; l'expérience a été prolongée pendant quinze heures.

Dans les conditions que nous venons d'indiquer *il ne s'est pas formé de traces de rubis.*

La même expérience a été répétée dans un creuset de platine, dont le couvercle présentait de petites ouvertures.

Nous avons trouvé alors dans le creuset des quantités considérables de rubis rhomboédriques produites en face des petites ouvertures qui laissaient entrer l'air dans le creuset.

Ces expériences démontrent donc nettement que pour obtenir des rubis rhomboédriques dans la calcination d'un mélange de fluorure de baryum, d'alumine potassée et de bichromate de potasse, il faut nécessairement faire pénétrer de l'air humide dans le creuset.

Disposition à donner au mélange dans le creuset

Les dispositions que nous venons de décrire faisaient faire un grand pas à la question, mais ne nous donnaient pas une pleine satisfaction. Nos rubis étaient réguliers, d'une belle couleur et d'une forme rhomboédrique très nette, mais ils étaient encore petits.

Jusqu'alors nous opérions sur des mélanges intimes d'alumine et de fluorure de baryum. N'avions-nous pas d'autres dispositions à prendre pour arriver au grossissement de nos rubis? Le mélange des deux corps était-il nécessaire pour opérer la réaction?

Nous avions déjà reconnu qu'en séparant l'alumine potassée du fluorure de baryum par une lame de platine, nous obtenions de beaux cristaux de rubis épais et rhomboédriques, lorsque les deux corps ne se touchaient pas : cette expérience a été reproduite en grand.

C'est à partir de ce moment que nous avons obtenu des rubis rhomboédriques, épais, d'une belle couleur et absolument purs.

Après avoir constaté que le contact des fluorures et de l'alumine chromée n'était pas nécessaire pour obtenir de beaux rubis, nous avons modifié complètement notre mode d'opération.

Pendant longtemps, nous tâchions d'obtenir nos rubis en rendant le contact des deux corps aussi intime que possible.

Nous suivons aujourd'hui une autre voie.

Les deux corps qui produisent le rubis forment actuellement deux couches différentes dans le creuset : l'une, qui agit en quelque sorte comme une brasque, est formée par un mélange d'alumine potassée et chromée; l'autre, placée au centre du creuset, est produite par un mélange de fluorure de baryum et d'alumine : c'est là que s'engendre l'acide fluorhydrique. Dans ces conditions, les parois siliceuses du creuset ne se trouvent pas au contact du fluorure ; elles sont peu attaquées et se recouvrent de rubis.

Nos plus beaux cristaux se forment en général dans la couche qui sépare l'alumine potassée des parois du creuset.

En disposant cette expérience, on peut donc admettre que le fluorure d'aluminium se forme avec une grande lenteur vers 1500 degrés, par la réaction de l'acide fluorhydrique sur l'alumine potassée et chromée : ce fluorure en se grillant lentement produit des rubis rhomboédriques qui éprouvent un grossissement véritable : c'est ainsi que les cristaux de rubis se nourrissent.

Couleur des rubis et grossissement des cristaux ;
leur nourriture par voie sèche

Les expériences que nous venons de décrire, démontrent que les beaux cristaux de rubis épais et rhomboédriques se produisent en calcinant pendant plusieurs jours, à une température voisine de 1500 degrés, un mélange d'alumine potassée et chromée soumise à l'action du fluorure de baryum qui est grillé dans des conditions que nous avons fait connaître.

Les deux points importants que nous avons étudiés dans cette dernière partie du travail sont la couleur des rubis et la grosseur des cristaux.

La couleur rose du rubis s'obtient en général sans difficulté lorsque les corps employés dans le mélange sont d'une pureté absolue et que l'atmosphère du four est restée oxydante ; si elle est réductrice, les rubis deviennent violets : pour éviter cet inconvénient, nous avons souvent introduit, dans le mélange, des oxydants.

Quant au grossissement des cristaux, il nous paraît dépendre principalement des dimensions du creuset : dans nos premières expériences nous opérions avec de petits creusets qui donnaient toujours de petits rubis ; nous pensons aujourd'hui à employer des creusets de 50 litres, après avoir constaté que le volume des rubis augmentait sensiblement avec celui des creusets.

Ce fait se comprend : les rubis s'engendrant par l'action mutuelle des gaz et des vapeurs, il était intéressant de faire circuler les produits gazeux dans des espaces considérables : on augmentait ainsi la grosseur des cristaux, en réalisant, dans un grand creuset,

une circulation gazeuse comparable à celle qui se produit si facilement dans les tubes.

Après avoir nourri nos rubis, il nous restait encore une question
intéressante à résoudre pour compléter la synthèse des rubis.

Les cristaux de rubis que nous avons produits, qui présentent les
caractères des rubis naturels, peuvent-ils, dans les applications
industrielles, convenir aux mêmes usages? Ont-ils la dureté des
pierres fines ? Peut-on les employer dans la bijouterie et l'horlogerie?

La pratique seule pouvait résoudre la question.

Un grand industriel très compétent, M. Taub, a bien voulu, à ma
demande, faire tailler en roses les petits rubis que j'ai mis sous les
yeux de l'Académie et soumettre à des lapidaires habiles les rubis
non taillés tels qu'ils sortent de nos creusets.

Leur dureté a été trouvée comparable à celle des rubis naturels ;
ils conviennent à l'horlogerie pour la confection des montres.

Production synthétique du saphir

Dans nos expériences sur le rubis que nous venons de décrire, il
nous est arrivé plusieurs fois de trouver, au milieu de nos cristaux
roses de rubis, des cristaux de saphir d'abord violets et ensuite d'un
beau bleu.

Ce fait intéressant sera étudié avec détail dans un travail spécial.

Nous avons présenté à l'Académie de belles plaques de cristaux
de rubis, qui sont roses d'un côté et bleues de l'autre côté. Ce fait
semble résoudre les difficultés qui se sont élevées sur les causes de
la coloration du saphir et celle du rubis.

En voyant un même creuset produire à la fois des cristaux de rubis qui sont roses, violets ou bleus, il est difficile de ne pas croire que c'est le même métal, peut-être le chrome, qui, à différents degrés d'oxydation, a produit les colorations variées du rubis et du saphir.

Reproductions photographiques de nos rubis

Désirant reproduire par la photographie quelques-uns de nos beaux rubis et donner une idée exacte de leurs formes, de leurs dimensions et de la netteté de leur cristallisation, je me suis adressé à un de mes anciens élèves, M. Monpillard, savant distingué, qui a exécuté les photographies remarquables que je suis heureux de faire connaître ici.

On trouvera, dans plusieurs de ces belles reproductions, des détails cristallographiques intéressants; les zones d'accroissement de nos cristaux de rubis y sont nettement indiquées.

Pour montrer à quel état est arrivée la synthèse des rubis, j'ai prié M. Dujardin de photographier quelques bijoux dans lesquels tous les rubis qui s'y trouvent sont tels qu'ils sont sortis de nos creusets : ces pierres n'ont pas été taillées et présentent cependant un éclat remarquable : plusieurs de ces rubis pèsent 55 milligrammes.

J'ai pensé que cette application de nos rubis, constatée par la photographie, était en quelque sorte le complément de ce travail.

RÉSUMÉ

Les recherches sur la production synthétique du rubis qui ont été poursuivies dans mon laboratoire du Museum d'histoire naturelle, depuis 1877 jusqu'à 1890, peuvent être résumées dans les termes suivants :

1. Dans un premier travail que j'ai publié avec M. Feil, nous avons obtenu le rubis en faisant agir au rouge vif, dans un creuset de terre réfractaire, un mélange d'alumine, de bichromate de potasse et de minium. Il se produit dans cette réaction de l'aluminate de plomb, qui est ensuite décomposé par la silice du creuset en formant du silicate de plomb fusible et du rubis cristallisé. Les cristaux qui prennent naissance sont souvent volumineux et d'une belle couleur rose, mais ils restent toujours lamelleux et friables.

2. Le second travail, que j'ai publié en collaboration avec M. Verneuil, a eu pour but de former le rubis transparent, épais et brillant, cristallisé en rhomboèdres, présentant une pureté absolue et pouvant être assimilé aux rubis naturels.

Ce rubis a été produit dans un creuset de terre réfractaire en faisant agir, à une température très élevée, un mélange d'alumine plus ou moins potassée, de fluorure de baryum et de bichromate de potasse.

3. Nous avons reconnu que, dans cette réaction, pour obtenir de beaux rubis, la circulation de l'air dans le creuset est indispensable.

4. Nous expliquons de la façon suivante cette formation du rubis épais et rhomboédrique. L'alumine se combine d'abord soit à la potasse, soit à la baryte. L'air humide pénétrant ensuite dans le creuset opère le grillage du fluorure à très haute température en dégageant l'acide fluorhydrique qui isole l'alumine, la fait cristalliser et volatilise le fluorure alcalin. Dans cette réaction, le rubis reste à l'état de pureté absolue.

On peut admettre aussi que la formation du rubis est due à la production du fluorure d'aluminium qui s'engendre lentement vers 1500 degrés et se grille ensuite sous l'influence de l'air humide en donnant naissance au rubis et à l'acide fluorhydrique.

En tenant compte de tous les faits que nous avons constatés dans ce travail, la synthèse du rubis peut donc être interprétée de deux façons différentes, soit par la décomposition des aluminates alcalins sous l'influence de l'acide fluorhydrique, soit par le grillage du fluorure d'aluminium opéré lentement à la température même de sa formation.

5. Les méthodes que nous avons employées pour faire cristalliser les rubis sont générales ; elles peuvent être appliquées à la production d'un grand nombre de minéraux.

REPRODUCTIONS PHOTOGRAPHIQUES

DES RUBIS

OBTENUS PAR LA SYNTHÈSE

Les premiers rubis ont été produits d'abord au laboratoire du Museum, dans de petits creusets.

Les rubis plus volumineux qui pesaient souvent plus de 1/3 de carat, soit $0^{gr},075$, se sont formés ensuite dans de grands creusets de verrerie et ont été soumis à la taille.

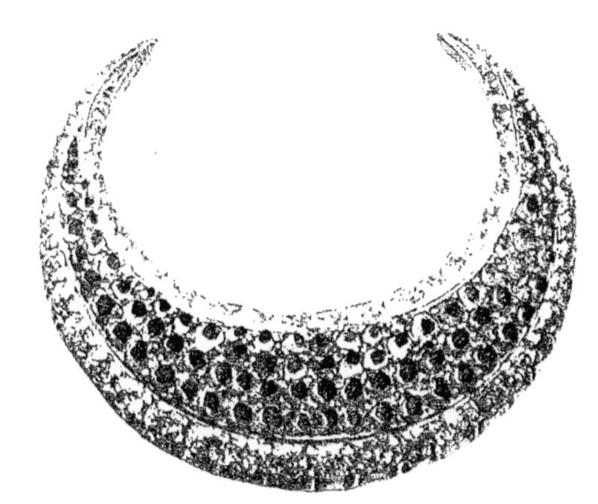

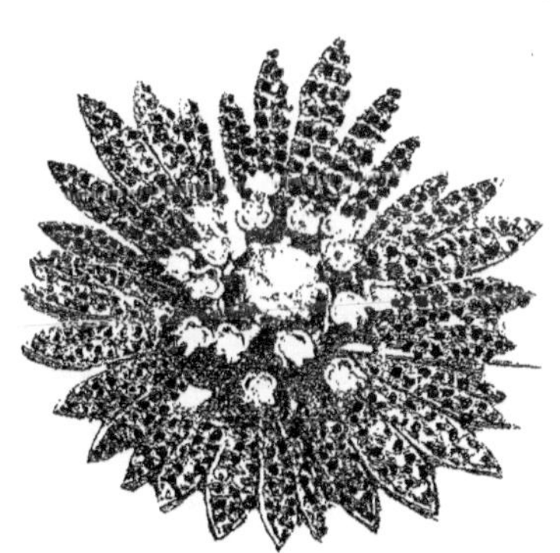

RUBIS NON TAILLÉS, TELS QU'ILS SONT SORTIS DU CREUSET.
Grossissement de moitié.

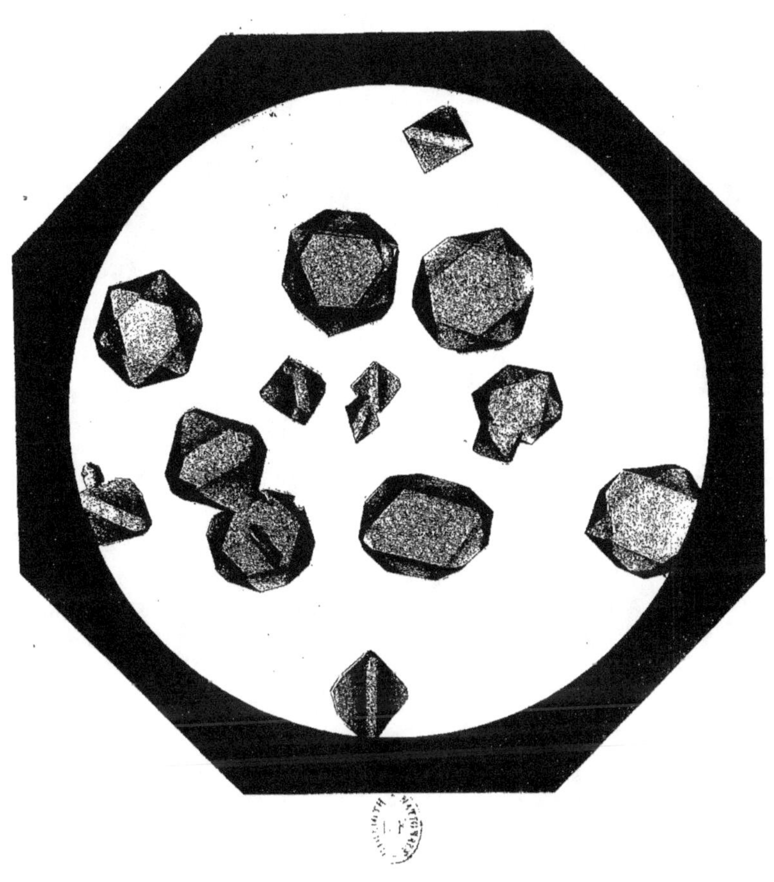

Grossissement 5o diamètres

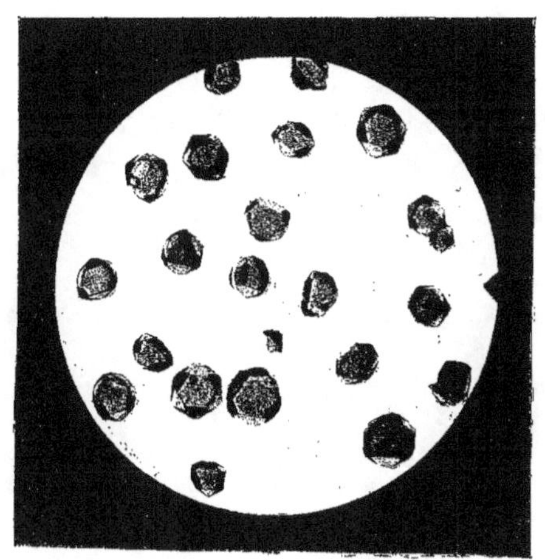

GROSSISSEMENT DE 20 DIAMÈTRES
Eclairage par transparence.

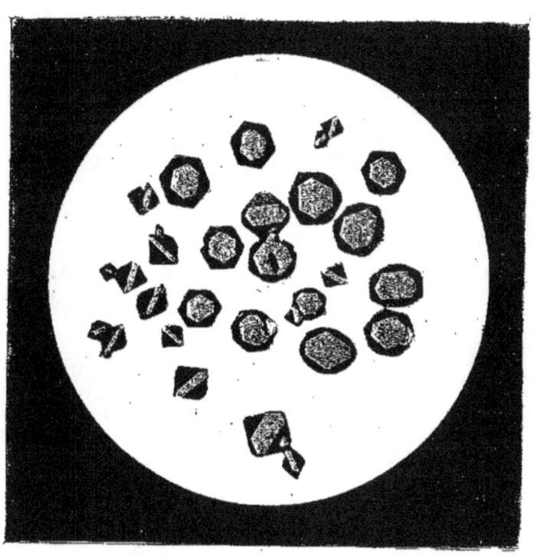

GROSSISSEMENT DE 20 DIAMÈTRES
Eclairage par réflection sur fond blanc.

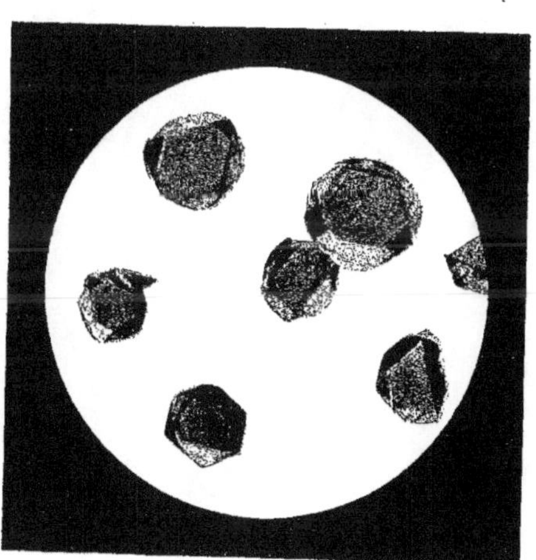

GROSSISSEMENT DE 40 DIAMÈTRES
Eclairage par réflection sur fond blanc.

GROSSISSEMENT DE 60 DIAMÈTRES

Eclairage par transparence.

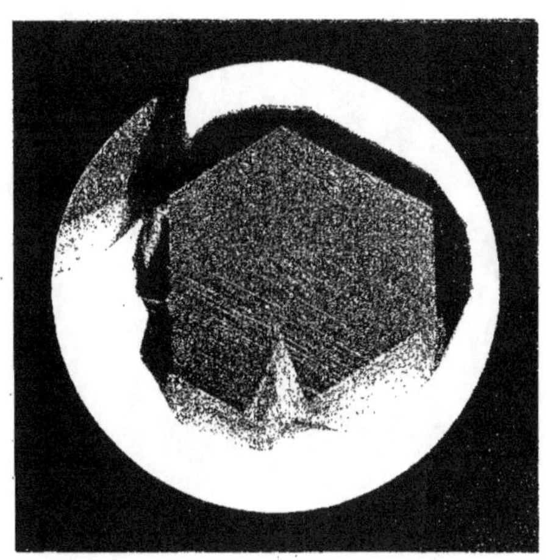

GROSSISSEMENT: 34,5 DIAMÈTRES

Eclairage par transparence, lumière oblique.

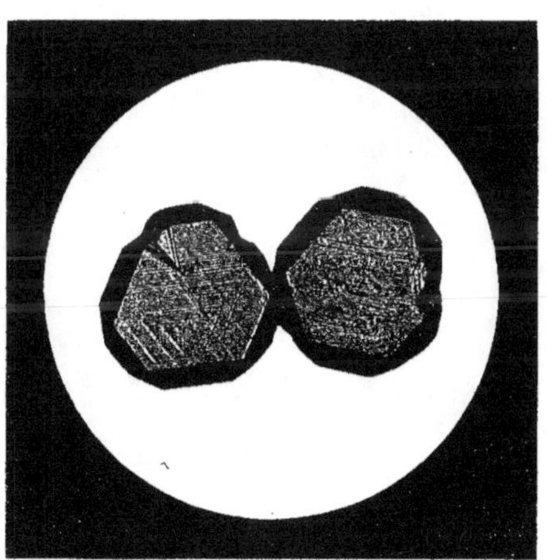

GROSSISSEMENT DE 19 DIAMÈTRES

Eclairage par transparence.

Rubis dans sa gangue

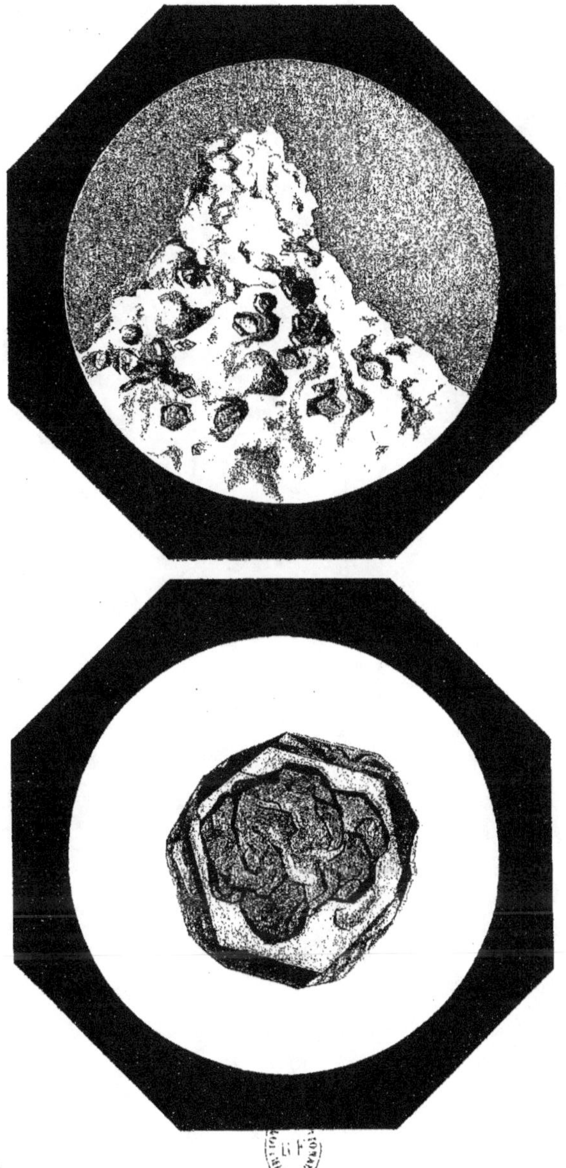

Formation de petits rubis sur un cristal unique

VERRE CONTENANT [illegible] GRAMMES DE RUBIS RHOMBOÉDRIQUES

Chaque rubis pèse en moyenne 5o milligrammes

LABORATOIRE DE MR FREMY

RUBIS PRODUITS DANS LE FOUR DE St GOBAIN

RUBIS PRODUITS DANS LE FOUR DE St GOBAIN.

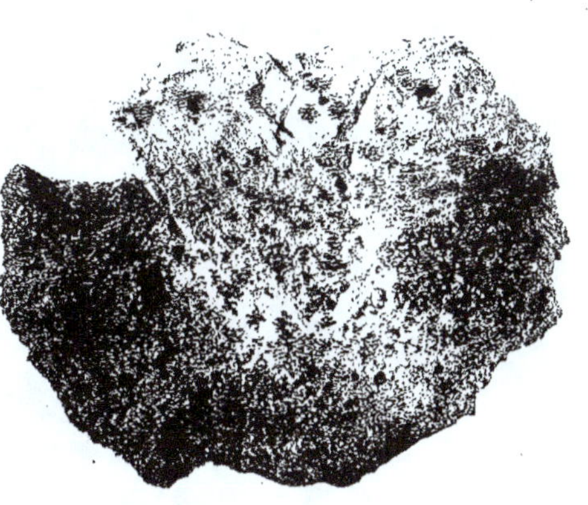

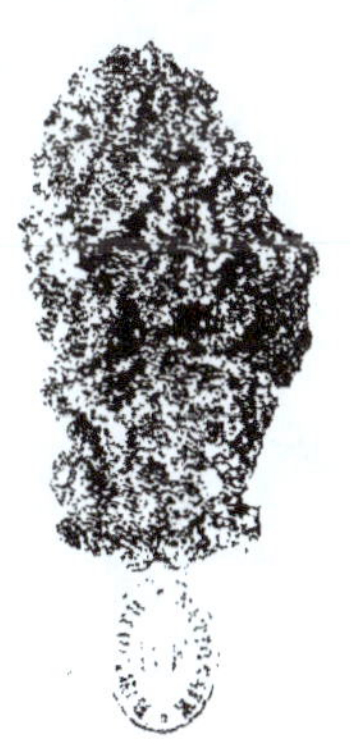

RUBIS DANS LEUR GANGUE, OBTENUS AVEC L'ALUMINE PURE.

RUBIS DANS LEUR GANGUE OBTENUS AVEC L'ALUMINE PURE.

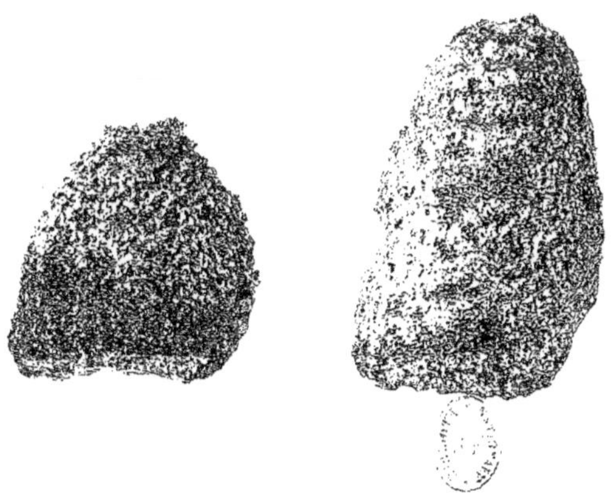

RUBIS DANS LEUR GANGUE, OBTENUS AVEC L'ALUMINE PURE.

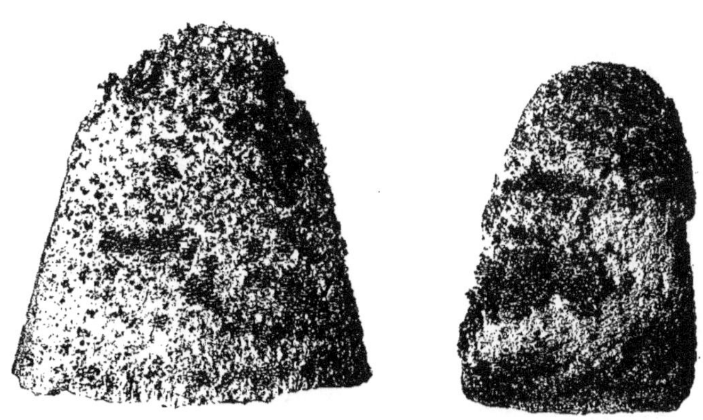

RUBIS DANS LEUR GANGUE. OBTENUS AVEC L'ALUMINE PURE

RUBIS DANS LEUR GANGUE, OBTENUS AVEC L'ALUMINE PURE.

RUBIS DANS LEUR GANGUE OBTENUS AVEC L'ALUMINE POTASSÉE.

RUBIS DANS LEUR GANGUE:

Obtenus avec l'Alumine potassée.

RUBIS DANS LEUR GANGUE OBTENUS AVEC L'ALUMINE POTASSÉE.

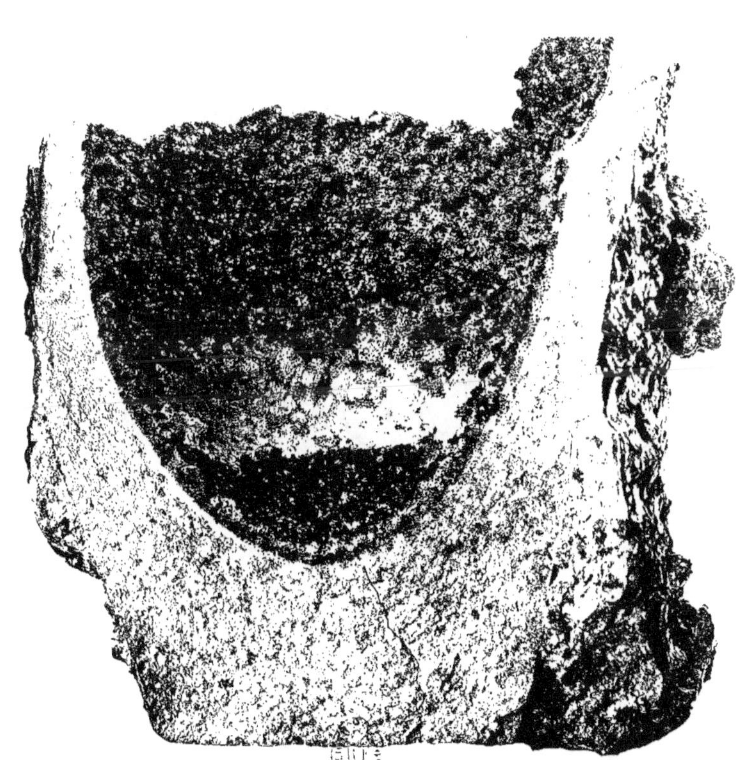

RUBIS DANS LEUR GANGUE OBTENUS AVEC L'ALUMINE POTASSÉE

RUBIS DANS LEUR GANGUE, OBTENUS AVEC L'ALUMINE POTASSÉE.

RUBIS DANS LEUR GANGUE, OBTENUS AVEC L'ALUMINE POTASSÉE

Photographie de M. Dujardin

Fig. 1.

Fig. 2

Poyet

Fig. 3

Fig. 4

Fig. 5.

TABLE

Librairies-Imprimeries réunies, rue Mignon, 2, Paris. — 1893.

E. FREMY
SYNTHÈSE
DU
RUBIS
P. 1891

www.ingramcontent.com/pod-product-compliance
Lightning Source LLC
Chambersburg PA
CBHW050011070726
47598CB00014B/678